U1018790

保障农民工工资支付条例

中国法制出版社

保障农民工工资支付条例

BAOZHANG NONGMINGONG GONGZI ZHIFU TIAOLI

经销/新华书店

印刷/保定市中画美凯印刷有限公司

开本/850 毫米×1168 毫米　32 开　　印张/1　字数/14 千

版次/2020 年 1 月第 1 版　　2025 年11月第 18 次印刷

中国法制出版社出版

书号 ISBN 978-7-5093-9481-6　　定价：4.00 元

北京市西城区西便门西里甲 16 号

邮政编码 100053　　传真：010-63141600

网址：http：//www.zgfzs.com　　编辑部电话：010-63141673

市场营销部电话：010-63141612　　总编室电话：010-63141606

（如有印装质量问题，请与本社总编室联系。）

目　　录

中华人民共和国国务院令

第 724 号

《保障农民工工资支付条例》已经 2019 年 12 月 4 日国务院第 73 次常务会议通过，现予公布，自 2020 年 5 月 1 日起施行。

总理　李克强

2019 年 12 月 30 日

保障农民工工资支付条例

第一章　总　　则

第一条　为了规范农民工工资支付行为，保障农民工按时足额获得工资，根据《中华人民共和国劳动法》及有关法律规定，制定本条例。

第二条　保障农民工工资支付，适用本条例。

本条例所称农民工，是指为用人单位提供劳动的农村居民。

本条例所称工资，是指农民工为用人单位提供劳动后应当获得的劳动报酬。

第三条　农民工有按时足额获得工资的权利。任何单位和个人不得拖欠农民工工资。

农民工应当遵守劳动纪律和职业道德，执行劳动安全卫生规程，完成劳动任务。

第四条　县级以上地方人民政府对本行政区域内保障农民工工资支付工作负责，建立保障农民工工资支付工作协调机制，加强监管能力建设，健全保障农民工工资支付工作目标责任制，并纳入对本级人民政府有关部门和下级人民政府进行考核和监督的内容。

乡镇人民政府、街道办事处应当加强对拖欠农民工工资矛盾的排查和调处工作，防范和化解矛盾，及时调解纠纷。

第五条 保障农民工工资支付，应当坚持市场主体负责、政府依法监管、社会协同监督，按照源头治理、预防为主、防治结合、标本兼治的要求，依法根治拖欠农民工工资问题。

第六条 用人单位实行农民工劳动用工实名制管理，与招用的农民工书面约定或者通过依法制定的规章制度规定工资支付标准、支付时间、支付方式等内容。

第七条 人力资源社会保障行政部门负责保障农民工工资支付工作的组织协调、管理指导和农民工工资支付情况的监督检查，查处有关拖欠农民工工资案件。

住房城乡建设、交通运输、水利等相关行业工程建设主管部门按照职责履行行业监管责任，督办因违法发包、转包、违法分包、挂靠、拖欠工程款等导致的拖欠农民工工资案件。

发展改革等部门按照职责负责政府投资项目的审批管理，依法审查政府投资项目的资金来源和筹措方式，按规定及时安排政府投资，加强社会信用体系建设，组织对拖欠农民工工资失信联合惩戒对象依法依规予以限制和惩戒。

财政部门负责政府投资资金的预算管理，根据经批准的预算按规定及时足额拨付政府投资资金。

公安机关负责及时受理、侦办涉嫌拒不支付劳动报酬刑事案件，依法处置因农民工工资拖欠引发的社会治安案件。

司法行政、自然资源、人民银行、审计、国有资产管理、税务、市场监管、金融监管等部门，按照职责做好与保障农民工工资支付相关的工作。

第八条 工会、共产主义青年团、妇女联合会、残疾人联合会等组织按照职责依法维护农民工获得工资的权利。

第九条 新闻媒体应当开展保障农民工工资支付法律法规政策的公益宣传和先进典型的报道，依法加强对拖欠农民工工资违法行为的舆论监督，引导用人单位增强依法用工、按时足额支付工资的法律意识，引导农民工依法维权。

第十条 被拖欠工资的农民工有权依法投诉，或者申请劳动争议调解仲裁和提起诉讼。

任何单位和个人对拖欠农民工工资的行为，有权向人力资源社会保障行政部门或者其他有关部门举报。

人力资源社会保障行政部门和其他有关部门应当公开举报投诉电话、网站等渠道，依法接受对拖欠农民工工资行为的举报、投诉。对于举报、投诉的处理实行首问负责制，属于本部门受理的，应当依法及时处理；不属于本部门受理的，应当及时转送相关部门，相关部门应当依法及时处理，并将处理结果告知举报、投诉人。

第二章　工资支付形式与周期

第十一条　农民工工资应当以货币形式，通过银行转账或者现金支付给农民工本人，不得以实物或者有价证券等其他形式替代。

第十二条　用人单位应当按照与农民工书面约定或者依法制定的规章制度规定的工资支付周期和具体支付日期足额支付工资。

第十三条　实行月、周、日、小时工资制的，按照月、周、日、小时为周期支付工资；实行计件工资制的，工资支付周期由双方依法约定。

第十四条　用人单位与农民工书面约定或者依法制定的规章制度规定的具体支付日期，可以在农民工提供劳动的当期或者次期。具体支付日期遇法定节假日或者休息日的，应当在法定节假日或者休息日前支付。

用人单位因不可抗力未能在支付日期支付工资的，应当在不可抗力消除后及时支付。

第十五条　用人单位应当按照工资支付周期编制书面工资支付台账，并至少保存3年。

书面工资支付台账应当包括用人单位名称，支付周期，支付日期，支付对象姓名、身份证号码、联系方式，工作时间，应发工资项目及数额，代扣、代缴、扣除项目和数额，实发工资数额，银行代发工资凭证或者农民工签字等内容。

用人单位向农民工支付工资时，应当提供农民工本人的工资清单。

第三章 工资清偿

第十六条 用人单位拖欠农民工工资的，应当依法予以清偿。

第十七条 不具备合法经营资格的单位招用农民工，农民工已经付出劳动而未获得工资的，依照有关法律规定执行。

第十八条 用工单位使用个人、不具备合法经营资格的单位或者未依法取得劳务派遣许可证的单位派遣的农民工，拖欠农民工工资的，由用工单位清偿，并可以依法进行追偿。

第十九条 用人单位将工作任务发包给个人或者不具备合法经营资格的单位，导致拖欠所招用农民工工资的，依照有关法律规定执行。

用人单位允许个人、不具备合法经营资格或者未取得相应资质的单位以用人单位的名义对外经营，导致拖欠所招用农民工工资的，由用人单位清偿，并可以依法进行追偿。

第二十条 合伙企业、个人独资企业、个体经济组织等用人单位拖欠农民工工资的，应当依法予以清偿；不清偿的，由出资人依法清偿。

第二十一条 用人单位合并或者分立时，应当在实施合并或者分立前依法清偿拖欠的农民工工资；经与农民工书面协商一致的，可以由合并或者分立后承继其权利和义务的用人单位清偿。

第二十二条 用人单位被依法吊销营业执照或者登记证书、被责令关闭、被撤销或者依法解散的，应当在申请注销登记前依法清偿拖欠的农民工工资。

未依据前款规定清偿农民工工资的用人单位主要出资人，应当在注册新用人单位前清偿拖欠的农民工工资。

第四章 工程建设领域特别规定

第二十三条 建设单位应当有满足施工所需要的资金安排。没有满足施工所需要的资金安排的，工程建设项目不得开工建设；依法需要办理施工许可证的，相关行业工程建设主管部门不予颁发施工许可证。

政府投资项目所需资金，应当按照国家有关规定落实到位，不得由施工单位垫资建设。

第二十四条 建设单位应当向施工单位提供工程款支付担保。

建设单位与施工总承包单位依法订立书面工程施工合同，应当约定工程款计量周期、工程款进度结算办法以及人工费用拨付周期，并按照保障农民工工资按时足额支付的要求约定人工费用。人工费用拨付周期不得超过 1 个月。

建设单位与施工总承包单位应当将工程施工合同保存备查。

第二十五条 施工总承包单位与分包单位依法订立书面分包合同，应当约定工程款计量周期、工程款进度结算办法。

第二十六条 施工总承包单位应当按照有关规定开设农民工工资专用账户，专项用于支付该工程建设项目农民工工资。

开设、使用农民工工资专用账户有关资料应当由施工总承包单位妥善保存备查。

第二十七条 金融机构应当优化农民工工资专用账户开设服务流程，做好农民工工资专用账户的日常管理工作；发现资金未按约定拨付等情况的，及时通知施工总承包单位，由施工总承包单位报告人力资源社会保障行政部门和相关行业工程建设主管部门，并纳入欠薪预警系统。

工程完工且未拖欠农民工工资的，施工总承包单位公示 30 日后，可以申请注销农民工工资专用账户，账户内余额归施工总承包单位所有。

第二十八条 施工总承包单位或者分包单位应当依法与所招用的农民工订立劳动合同并进行用工实名登记，具备条件的行业应当通过相应的管理服务信息平台进行用工实名登记、管理。未与施工总承包单位或者分包单位订立劳动合同并进行用工实名登记的人员，不得进入项目现场施工。

施工总承包单位应当在工程项目部配备劳资专管员，对分包单位劳动用工实施监督管理，掌握施工现场用工、考勤、工资支付等情况，审核分包单位编制的农民工工资支付表，分包单位应当予以配合。

施工总承包单位、分包单位应当建立用工管理台账，并保存至工程完工且工资全部结清后至少 3 年。

第二十九条　建设单位应当按照合同约定及时拨付工程款，并将人工费用及时足额拨付至农民工工资专用账户，加强对施工总承包单位按时足额支付农民工工资的监督。

因建设单位未按照合同约定及时拨付工程款导致农民工工资拖欠的，建设单位应当以未结清的工程款为限先行垫付被拖欠的农民工工资。

建设单位应当以项目为单位建立保障农民工工资支付协调机制和工资拖欠预防机制，督促施工总承包单位加强劳动用工管理，妥善处理与农民工工资支付相关的矛盾纠纷。发生农民工集体讨薪事件的，建设单位应当会同施工总承包单位及时处理，并向项目所在地人力资源社会保障行政部门和相关行业工程建设主管部门报告有关情况。

第三十条　分包单位对所招用农民工的实名制管理和工资支付负直接责任。

施工总承包单位对分包单位劳动用工和工资发放等情况进行监督。

分包单位拖欠农民工工资的，由施工总承包单位先行清偿，再依法进行追偿。

工程建设项目转包，拖欠农民工工资的，由施工总承包单位先行清偿，再依法进行追偿。

第三十一条 工程建设领域推行分包单位农民工工资委托施工总承包单位代发制度。

分包单位应当按月考核农民工工作量并编制工资支付表，经农民工本人签字确认后，与当月工程进度等情况一并交施工总承包单位。

施工总承包单位根据分包单位编制的工资支付表，通过农民工工资专用账户直接将工资支付到农民工本人的银行账户，并向分包单位提供代发工资凭证。

用于支付农民工工资的银行账户所绑定的农民工本人社会保障卡或者银行卡，用人单位或者其他人员不得以任何理由扣押或者变相扣押。

第三十二条 施工总承包单位应当按照有关规定存储工资保证金，专项用于支付为所承包工程提供劳动的农民工被拖欠的工资。

工资保证金实行差异化存储办法，对一定时期内未发生工资拖欠的单位实行减免措施，对发生工资拖欠的单位适当提高存储比例。工资保证金可以用金融机构保函替代。

工资保证金的存储比例、存储形式、减免措施等具体办法，由国务院人力资源社会保障行政部门会同有关部门制定。

第三十三条 除法律另有规定外，农民工工资专用账户资金和工资保证金不得因支付为本项目提供劳动的农民工工资之外的原因被查封、冻结或者划拨。

第三十四条 施工总承包单位应当在施工现场醒目位置设立维权信息告示牌，明示下列事项：

（一）建设单位、施工总承包单位及所在项目部、分包单位、相关行业工程建设主管部门、劳资专管员等基本信息；

（二）当地最低工资标准、工资支付日期等基本信息；

（三）相关行业工程建设主管部门和劳动保障监察投诉举报电话、劳动争议调解仲裁申请渠道、法律援助申请渠道、公共法律服务热线等信息。

第三十五条 建设单位与施工总承包单位或者承包单位与分包单位因工程数量、质量、造价等产生争议的，建设单位不得因争议不按照本条例第二十四条的规定拨付工程款中的人工费用，施工总承包单位也不得因争议不按照规定代发工资。

第三十六条 建设单位或者施工总承包单位将建设工程发包或者分包给个人或者不具备合法经营资格的单位，导致拖欠农民工工资的，由建设单位或者施工总承包单位清偿。

施工单位允许其他单位和个人以施工单位的名义对外承揽建设工程，导致拖欠农民工工资的，由施工单位清偿。

第三十七条 工程建设项目违反国土空间规划、工程建设等法律法规，导致拖欠农民工工资的，由建设单位清偿。

第五章 监督检查

第三十八条 县级以上地方人民政府应当建立农民工工资支付监控预警平台，实现人力资源社会保障、发展改革、司法行政、财政、住房城乡建设、交通运输、水利等部门的工程项目审批、资金落实、施工许可、劳动用工、工资支付等信息及时共享。

人力资源社会保障行政部门根据水电燃气供应、物业管理、信贷、税收等反映企业生产经营相关指标的变化情况，及时监控和预警工资支付隐患并做好防范工作，市场监管、金融监管、税务等部门应当予以配合。

第三十九条 人力资源社会保障行政部门、相关行业工程建设主管部门和其他有关部门应当按照职责，加强对用人单位与农民工签订劳动合同、工资支付以及工程建设项目实行农民工实名制管理、农民工工资专用账户管理、施工总承包单位代发工资、工资保证金存储、维权信息公示等情况的监督检查，预防和减少拖欠农民工工资行为的发生。

第四十条 人力资源社会保障行政部门在查处拖欠农民工工资案件时，需要依法查询相关单位金融账户和相关当事人拥有房产、车辆等情况的，应当经设区的市级以上地方人民政府人力资源社会保障行政部门负责人批准，有关金融机构和登记部门应当予以配合。

第四十一条 人力资源社会保障行政部门在查处拖欠农民工工资案件时，发生用人单位拒不配合调查、清偿责任主体及相关当事人无法联系等情形的，可以请求公安机关和其他有关部门协助处理。

人力资源社会保障行政部门发现拖欠农民工工资的违法行为涉嫌构成拒不支付劳动报酬罪的，应当按照有关规定及时移送公安机关审查并作出决定。

第四十二条 人力资源社会保障行政部门作出责令支付被拖欠的农民工工资的决定，相关单位不支付的，可以依法申请人民法院强制执行。

第四十三条 相关行业工程建设主管部门应当依法规范本领域建设市场秩序，对违法发包、转包、违法分包、挂靠等行为进行查处，并对导致拖欠农民工工资的违法行为及时予以制止、纠正。

第四十四条 财政部门、审计机关和相关行业工程建设主管部门按照职责，依法对政府投资项目建设单位按照工程施工合同约定向农民工工资专用账户拨付资金情况进行监督。

第四十五条 司法行政部门和法律援助机构应当将农民工列为法律援助的重点对象，并依法为请求支付工资的农民工提供便捷的法律援助。

公共法律服务相关机构应当积极参与相关诉讼、咨询、调解等活动，帮助解决拖欠农民工工资问题。

第四十六条 人力资源社会保障行政部门、相关行业工程建设主管部门和其他有关部门应当按照“谁执法谁普法”普法责任制的要求，通过以案释法等多种形式，加大对保障农民工工资支付相关法律法规的普及宣传。

第四十七条 人力资源社会保障行政部门应当建立用人单位及相关责任人劳动保障守法诚信档案，对用人单位开展守法诚信等级评价。

用人单位有严重拖欠农民工工资违法行为的，由人力资源社会保障行政部门向社会公布，必要时可以通过召开新闻发布会等形式向媒体公开曝光。

第四十八条 用人单位拖欠农民工工资，情节严重或者造成严重不良社会影响的，有关部门应当将该用人单位及其法定代表人或者主要负责人、直接负责的主管人员和其他直接责任人员列入拖欠农民工工资失信联合惩戒对象名单，在政府资金支持、政府采购、招投标、融资贷款、市场准入、税收优惠、评优评先、交通出行等方面依法依规予以限制。

拖欠农民工工资需要列入失信联合惩戒名单的具体情形，由国务院人力资源社会保障行政部门规定。

第四十九条 建设单位未依法提供工程款支付担保或者政府投资项目拖欠工程款，导致拖欠农民工工资的，县级以上地方人民政府应当限制其新建项目，并记入信用记录，纳入国家信用信息系统进行公示。

第五十条 农民工与用人单位就拖欠工资存在争议，用人单位应当提供依法由其保存的劳动合同、职工名册、工资支付台账和清单等材料；不提供的，依法承担不利后果。

第五十一条 工会依法维护农民工工资权益，对用人单位工资支付情况进行监督；发现拖欠农民工工资的，可以要求用人单位改正，拒不改正的，可以请求人力资源社会保障行政部门和其他有关部门依法处理。

第五十二条 单位或者个人编造虚假事实或者采取非法手段讨要农民工工资，或者以拖欠农民工工资为名讨要工程款的，依法予以处理。

第六章 法律责任

第五十三条 违反本条例规定拖欠农民工工资的，依照有关法律规定执行。

第五十四条 有下列情形之一的，由人力资源社会保障行政部门责令限期改正；逾期不改正的，对单位处 2 万元以上 5 万元以下的罚款，对法定代表人或者主要负责人、直接负责的主管人员和其他直接责任人员处 1 万元以上 3 万元以下的罚款：

（一）以实物、有价证券等形式代替货币支付农民工工资；

（二）未编制工资支付台账并依法保存，或者未向农民工提供工资清单；

（三）扣押或者变相扣押用于支付农民工工资的银行账户所绑定的农民工本人社会保障卡或者银行卡。

第五十五条　有下列情形之一的，由人力资源社会保障行政部门、相关行业工程建设主管部门按照职责责令限期改正；逾期不改正的，责令项目停工，并处 5 万元以上 10 万元以下的罚款；情节严重的，给予施工单位限制承接新工程、降低资质等级、吊销资质证书等处罚：

（一）施工总承包单位未按规定开设或者使用农民工工资专用账户；

（二）施工总承包单位未按规定存储工资保证金或者未提供金融机构保函；

（三）施工总承包单位、分包单位未实行劳动用工实名制管理。

第五十六条　有下列情形之一的，由人力资源社会保障行政部门、相关行业工程建设主管部门按照职责责令限期改正；逾期不改正的，处 5 万元以上 10 万元以下的罚款：

（一）分包单位未按月考核农民工工作量、编制工资支付表并经农民工本人签字确认；

（二）施工总承包单位未对分包单位劳动用工实施监督管理；

（三）分包单位未配合施工总承包单位对其劳动用工进行监督管理；

（四）施工总承包单位未实行施工现场维权信息公示制度。

第五十七条 有下列情形之一的，由人力资源社会保障行政部门、相关行业工程建设主管部门按照职责责令限期改正；逾期不改正的，责令项目停工，并处5万元以上10万元以下的罚款：

（一）建设单位未依法提供工程款支付担保；

（二）建设单位未按约定及时足额向农民工工资专用账户拨付工程款中的人工费用；

（三）建设单位或者施工总承包单位拒不提供或者无法提供工程施工合同、农民工工资专用账户有关资料。

第五十八条 不依法配合人力资源社会保障行政部门查询相关单位金融账户的，由金融监管部门责令改正；拒不改正的，处2万元以上5万元以下的罚款。

第五十九条 政府投资项目政府投资资金不到位拖欠农民工工资的，由人力资源社会保障行政部门报本级人民政府批准，责令限期足额拨付所拖欠的资金；逾期不拨付的，由上一级人民政府人力资源社会保障行政部门约谈直接责任部门和相关监管部门负责人，必要时进行通报，约谈地方人民政府负责人。情节严重的，对地方人民政府及其有关部门负责人、直接负责的主管人员和其他直接责任人员依法依规给予处分。

第六十条 政府投资项目建设单位未经批准立项建设、擅自扩大建设规模、擅自增加投资概算、未及时拨付工程款等导致拖欠农民工工资的，除依法承担责任外，由人力资源社会保障行政部门、其他有关部门按照职责约谈建设单位负责人，并作为其业绩考核、薪酬分配、评优评先、职务晋升等的重要依据。

第六十一条 对于建设资金不到位、违法违规开工建设的社会投资工程建设项目拖欠农民工工资的，由人力资源社会保障行政部门、其他有关部门按照职责依法对建设单位进行处罚；对建设单位负责人依法依规给予处分。相关部门工作人员未依法履行职责的，由有关机关依法依规给予处分。

第六十二条 县级以上地方人民政府人力资源社会保障、发展改革、财政、公安等部门和相关行业工程建设主管部门工作人员，在履行农民工工资支付监督管理职责过程中滥用职权、玩忽职守、徇私舞弊的，依法依规给予处分；构成犯罪的，依法追究刑事责任。

第七章 附 则

第六十三条 用人单位一时难以支付拖欠的农民工工资或者拖欠农民工工资逃匿的，县级以上地方人民政府可以动用应急周转金，先行垫付用人单位拖欠的农民工部分工资或者基本生活费。对已经垫付的应急周转金，应当依法向拖欠农民工工资的用人单位进行追偿。

第六十四条　本条例自 2020 年 5 月 1 日起施行。

司法部、人力资源社会保障部负责人就《保障农民工工资支付条例》答记者问

2019年12月30日，国务院总理李克强签署第724号国务院令，公布《保障农民工工资支付条例》（以下简称《条例》）。《条例》自2020年5月1日起施行。日前，司法部、人力资源社会保障部负责人就《条例》的有关问题回答了记者提问。

问：请简要介绍一下《条例》的出台背景。

答：我国有近3亿农民工，他们是推动我国社会主义现代化建设的重要力量，为经济社会发展作出了重大而独特的贡献。劳有所得，天经地义。工资是农民工的保命钱、活命钱、养命钱，是提升农民工群体获得感、幸福感、安全感的重要物质基础，必须保证他们的辛劳及时获得足额的报酬。

党中央、国务院历来高度重视解决拖欠农民工工资问题。《国务院办公厅关于全面治理拖欠农民工工资问题的意见》（国办发〔2016〕1号）明确了一系列拖欠农民工工资的治理措施，取得了积极成效；国家出台了规范政府

投资行为和建设市场秩序的法律法规，对解决拖欠农民工工资问题发挥了积极作用。不过现实中仍存在一些导致拖欠农民工工资的问题，需要进一步解决：一是建设项目资金不到位。除社会投资项目外，政府投资项目也存在拖欠工程款的现象，与拖欠农民工工资问题相互交织。二是工程建设领域欠薪。建设市场秩序不规范，存在违法分包、层层转包、挂靠承包等违法违规行为，增加了治理拖欠农民工工资的难度。三是施工企业劳动用工不规范。工程建设领域利益链条过长，管理不规范，加剧了处于末端环节的农民工工资拖欠问题。拖欠农民工工资问题原因复杂，根治这一问题必须多管齐下。在深入分析农民工欠薪根源、梳理现有治理农民工欠薪政策落实情况、总结治理欠薪实践经验基础上，制定专门行政法规，以法治手段推动根治欠薪问题，是十分必要的。

问：制定《条例》的总体思路是什么？

答：《条例》制定遵循以下总体思路：

一是贯彻落实习近平总书记、李克强总理关于治理拖欠农民工工资问题的重要指示批示，坚持以人民为中心，注重总结实践经验，将成熟有效的政策举措法定化。

二是坚持问题导向，突出重点，兼顾一般。围绕根治拖欠农民工工资目标，聚焦问题突出的工程建设领域，压实用人单位主体责任，强化政府部门监管职责，综合运用多种手段，坚持源头治理、全程监管、防治结合、标本兼治。

三是处理好与民法、建筑法、劳动合同法等法律法规的关系，坚持法治原则，既解决实际问题，又做好法规衔接。

问：《条例》在压实各方责任、确保按时足额支付农民工工资方面，作了哪些规定？

答：为确保按时足额支付农民工工资，《条例》明确了用人单位主体责任、政府属地责任和部门监管责任，主要规定了以下内容：一是明确用人单位支付农民工工资的首要责任。坚持市场主体负责、政府依法监管、社会协同监督原则；用人单位拖欠农民工工资的，应当依法予以清偿。二是压实地方人民政府属地监管责任。县级以上地方人民政府对本行政区域内保障农民工工资支付工作负责，建立保障农民工工资支付工作协调机制，加强监管能力建设，健全保障农民工工资支付工作目标责任制，并纳入对本级人民政府有关部门和下级人民政府进行考核和监督的内容。乡镇人民政府、街道办事处应当加强对拖欠农民工工资矛盾的排查和调处工作，防范和化解矛盾，及时调解纠纷。三是明确部门职责，实现部门协同联动。人力资源社会保障行政部门负责保障农民工工资支付工作的组织协调、管理指导和农民工工资支付情况的监督检查，查处有关拖欠农民工工资案件。住房城乡建设、交通运输、水利等相关行业工程建设主管部门按照职责履行行业监管责任，督办因违法发包、转包、违法分包、挂靠、拖欠工程款等导致的拖欠农民工工资案件。发展改革、财政、公安以及其他相关部门依法承担相应职责，做好与保障农民工工资支付相关的工作。四是工会、共青团、妇联、残联等组织按照职责依法维护农民工获得工资的权利，发挥新闻媒体普法宣传和舆论监督作用，引导用人单位增强依法用工、按时足额支付工资的法律意识，引导农民工依法维权。

问：《条例》在坚持源头预防、规范工资支付行为方面，作了哪些规定？

答：规范工资支付行为是治理拖欠农民工工资问题的源头。《条例》坚持源头预防，主要规定了以下内容：一是用人单位实行农民工劳动用工实名制管理，与招用的农民工书面约定或者通过依法制定的规章制度规定工资支付标准、支付时间、支付方式等内容。实行月、周、日、小时工资制的，按照月、周、日、小时为周期支付工资；实行计件工资制的，工资支付周期由双方依法约定。二是农民工工资应当以货币形式，通过银行转账或者现金支付给农民工本人，不得以实物或者有价证券等其他形式替代。三是用人单位应当按照与农民工书面约定或者依法制定的规章制度规定的工资支付周期和具体支付日期足额支付工资。四是用人单位应当按照工资支付周期编制书面工资支付台账，并至少保存 3 年；向农民工支付工资时，应当提供农民工本人的工资清单。

问：《条例》在明确工资清偿主体、实现全程监管方面，作了哪些规定？

答：明确清偿主体是治理拖欠农民工工资问题的关键。由于企业生产组织方式和用工方式日趋复杂，有些情形下发生农民工工资拖欠后清偿主体难以及时确定，严重影响拖欠农民工工资问题的快速解决。为此，《条例》做好与相关法律法规的衔接，对一些特殊情形下拖欠农民工工资的清偿作了规定：一是不具备合法经营资格的单位招用农民工，农民工已经付出劳动而未获得工资的，依照有关法律规定执行，即由该单位或者其出资人清偿。二是用工单位使用个人、不具备合法经营资格的单位或者未依法取得劳务派遣许可证的单位派遣的农民工，拖欠农民工工资的，由用工单位清偿，并可以依法进行追偿。三是用人单位将工作任务发包给个人或者不具备合法经营资格的单位，导致拖欠所招用农民工工资的，依照有关法律规定执行，即由发包的组织与承包经营者承担连带赔偿责任。用人单位允许个人、不具备合法经营资格或者未取得相应资质的单位以用人单位的名义对外经营，导致拖欠所招用农民工工资的，由用人单位清偿，并可以依法进行追偿。四是合伙企业、个人独资企业、个体经济组织等用人单位拖欠农民工工资的，应当依法予以清偿；不清偿的，由出资人依法清偿。五是用人单位合并或者分立时，应当在实施合并或者分立前依法清偿拖欠的农民工工资；经与农民工书面协商一致的，可以由合并或者分立后承继其权利和义务的用人单位清偿。六是用人单位被依法吊销营业执照或者登记证书、被责令关闭、被撤销或者依法解散的，应当在申请注销登记前依法清偿拖欠的农民工工资；未按规定清偿农民工工资的用人单位主要出资人，应当在注册新用人单位前清偿拖欠的农民工工资。

问：工程建设领域是治理拖欠农民工工资的重点，《条例》在这方面规定了哪些特别措施？

答：《国务院办公厅关于全面治理拖欠农民工工资问题的意见》（国办发〔2016〕1号）以工程建设领域为重点，明确了一系列治理措施。《条例》在总结各地推行实践的基础上，围绕资金到位、按时拨付、确保发放等方面，全链条多环节进行规范，主要作了以下规定：一是针对建设资金不到位问题，规定建设单位未满足施工所需资金安排的，不得开工建设或者颁发施工许可证；建设单位应当向施工单位提供工程款支付担保；建设项目的人工费用与工程款实行分账管理，建设单位按照约定将人工费用及时足额拨付至施工总承包单位的农民工工资专用账户。二是针对工程建设领域欠薪问题，规定建设单位有权督促施工总承包单位加强劳动用工管理，施工总承包单位对分包单位工资发放等进行监督，分包单位直接负责对所招用农民工的管理；将建设工程发包或者分包给个人或者不具备合法经营资格的单位，导致拖欠农民工工资的，由建设单位或者施工总承包单位清偿；施工总承包单位应当在施工现场设立维权信息告示牌。三是针对施工企业劳动用工不规范问题，规定施工总承包单位或者分包单位对所招用的农民工进行实名登记管理；农民工工资推行由分包单位委托施工总承包单位代发；施工总承包单位应当按照规定开设农民工工资专用账户，并按照规定存储工资保证金或者以金融机构保函替代，专项用于支付农民工被拖欠的工资。

问：《条例》在加强保障农民工工资支付工作的监督管理方面，作了哪些规定？

答：细化部门监管职责，是根治拖欠农民工工资问题的内在需要。为此，《条例》在监督检查方面作出了一系列规定：一是人力资源社会保障行政部门、相关行业工程建设主管部门和其他有关部门按照职责，对劳动合同签订、工资支付、用工实名制、工资专用账户、施工总承包单位代发工资、工资保证金存储、维权信息公示等情况加强监督检查。二是人力资源社会保障行政部门在查处拖欠农民工工资案件时，经批准可以依法查询相关单位金融账户和相关当事人拥有房产、车辆等情况。三是发生用人单位拒不配合调查、清偿责任主体无法联系等情形的，人力资源社会保障行政部门可以请求公安机关和其他有关部门协助处理；对拖欠农民工工资涉嫌构成拒不支付劳动报酬罪的，及时移送公安机关审查并作出决定。四是对用人单位开展守法诚信等级评价；建立拖欠农民工工资“黑名单”，将用人单位及其法定代表人或者主要负责人、直接负责的主管人员和其他直接责任人员列入失信联合惩戒对象名单，依法依规予以限制。

问：《条例》在法律责任方面作了哪些规定？

答：为了确保农民工工资支付保障制度落地实施，加大对违法行为的惩戒力度，营造“不愿欠薪”“不能欠薪”“不敢欠薪”的社会氛围，《条例》在法律责任方面主要作了以下规定：一是明确拖欠农民工工资行为的法律责任，促使用人单位履行主体责任。违反规定拖欠农民工工资的，依照有关法律规定执行，也就是由人力资源社会保障行政部门责令限期支付；逾期不支付的，向劳动者加付应付金额百分之五十以上百分之一百以下的赔偿金；涉嫌构成拒不支付劳动报酬罪的，及时移送司法机关追究刑事责任。对以实物或者有价证券等代替货币支付工资、未编制并保存工资支付台账、未向农民工提供工资清单、扣押或者变相扣押用于支付工资的社会保障卡或者银行卡等违法行为，由人力资源社会保障行政部门责令限期改正；逾期不改正的，在对单位给予罚款的同时，对法定代表人或者主要负责人、直接负责的主管人员和其他直接责任人员给予罚款。二是突出工程建设领域违法行为的法律责任。对施工总承包单位未按规定开设或者使用农民工工资专用账户、未按规定存储工资保证金或者未提供金融机构保函，施工总承包单位、分包单位未实行劳动用工实名制管理，建设单位未依法提供工程款支付担保、未按约定及时足额拨付人工费用，建设单位或者施工总承包单位拒不提供或者无法提供工程施工合同、农民工工资专用账户有关资料等违法行为，规定了责令限期改正、处5万元以上10万元以下罚款，对其中的一些违法行为，还规定了责令项目停工、降低资质等级或者吊销资质证书等处罚。三是明确政府部门监管不到位的责任，促使政府投资行为更加规范。政府投资项目政府投资资金不到位拖欠农民工工资的，由人力资源社会保障行政部门报本级政府批准后，责令限期足额拨付所拖欠的资金；逾期不拨付的，对有关部门负责人进行约谈，必要时进行通报，约谈地方政府负责人；情节严重的，对政府及其有关部门负责人、直接负责的主管人员和其他直接责任人员依法依规给予处分。对人力资源社会保障、发展改革、财政、公安等部门和相关行业工程建设主管部门工作人员，在履行农民工工资支付监督管理职责过程中滥用职权、玩忽职守、徇私舞弊的，依法依规给予处分；构成犯罪的，依法追究其刑事责任。